［美］杰夫·德拉罗沙 著
秦彧 译

中国出版集团
世界图书出版公司

各种各样的人形机器人可能会让你大吃一惊，

它们步伐矫健，能跑能跳，还能上楼梯，

它们与人类极其相似，有的已经达到以假乱真的水平，

但它们永远替代不了人类！

Robots: Robots and People

目　录

Contents

术语表的词汇在正文中首次出现时为黄色。

机器人与人类

机器人似乎是新生事物，但它们的出现可能比你想象的还要早。1921 年，由捷克剧作家卡雷尔·恰佩克创作的《罗素姆万能机器人》首次登上舞台，“机器人”的英文单词“robot”也正式面世了。在《罗素姆万能机器人》中，机器人被塑造成冷漠无情的人造“人”，是一群没有欲望和感情的工人。

恰佩克笔下的机器人只是一种艺术虚构，但人类已经制造出了各种各样的机器人。随着技术的日新月异，机器人能完成的任务越来越复杂，它们拥有的技能、长相，甚至情感，都和人类的越来越相近，新的问题也接踵而至：机器人会变得跟人类一样吗？它们能与人类和谐相处吗？面对未来的机器人，人类究竟抱有怎样的心情？是喜爱期待？还是厌恶畏惧？这一切都促使我们思考机器人对于人类究竟意味着什么，机器人能取代人类吗？

剧情大放送

在《罗素姆万能机器人》中，卡雷尔·恰佩克笔下的机器人是完美的工人。但是，这些机器人最终接管了世界，取代了创造它们的人类。

遥控机器人

机器人与人类的互动多种多样，其中比较简单的就是代替人类执行任务。机器人被用于拆除炸弹等爆炸装置，而这些拆弹机器人没有自主性，不能独自执行任务，必须由人类遥控操作。

拆弹机器人只是代替人类靠近炸弹，而人类留在安全区域。像这种代替人类完成远距离操作任务的机器人，被称为遥控机器人。

虽然拆弹机器人“长”得不出众，但它能远距离操作，所以深受人们的喜爱。

这个宇航员是一款遥控机器人，由操作人员远距离控制。许多空间探测都是通过遥控机器人进行的。

>>>>

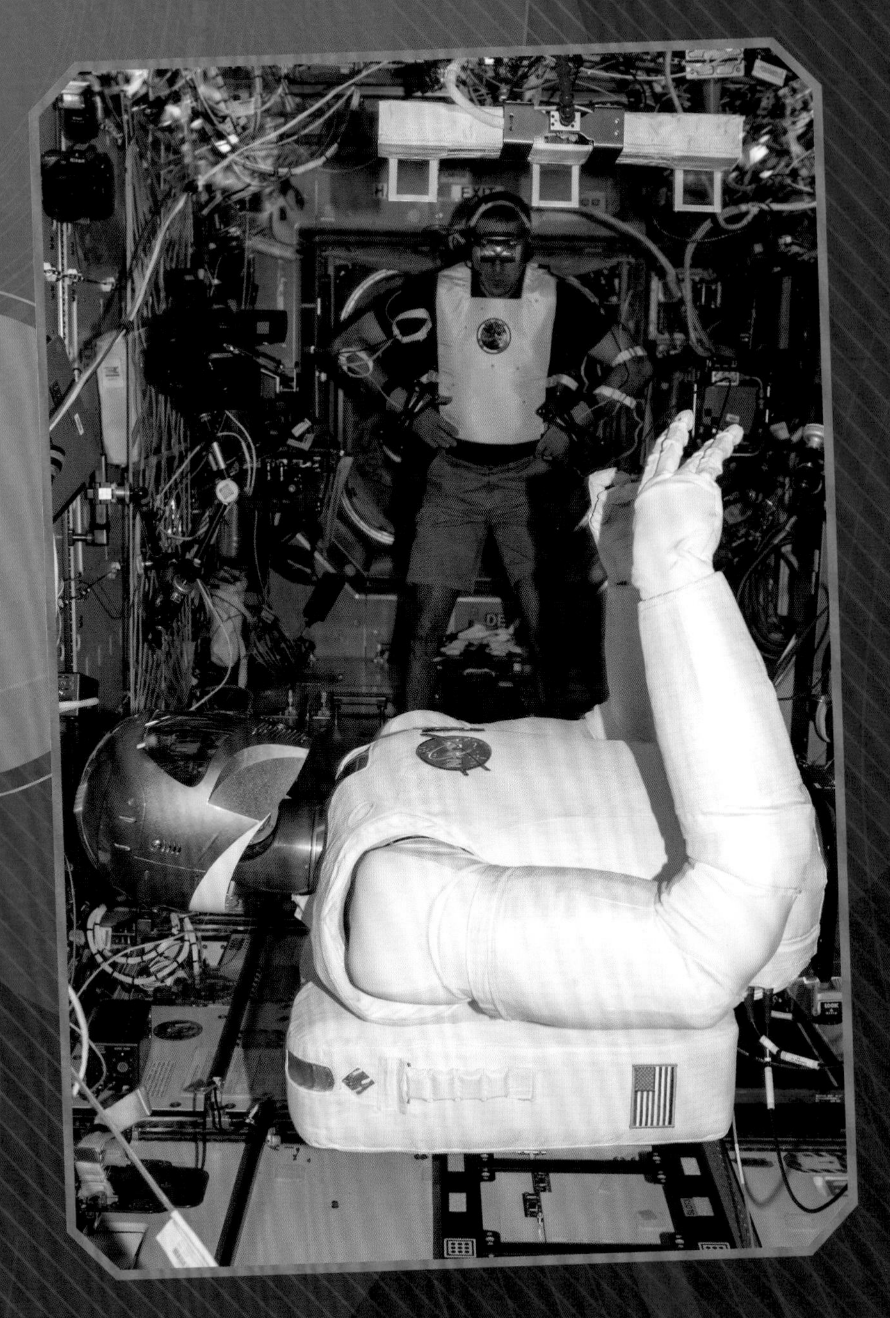

遥控机器人能在人类无法到达或不想进入的地方工作。使用遥控无人机攻击敌方目标，就是一个典型例子。不论战斗如何进行，远程遥控的操作人员都不用冒险进入战场。遥控机器人还被广泛用于空间探测，这类遥控机器人更像我们印象中的机器人，具备一定的自主性。作为遥控机器人的探测器，能够在行进过程中改变方向，避开途中的岩石等障碍物。

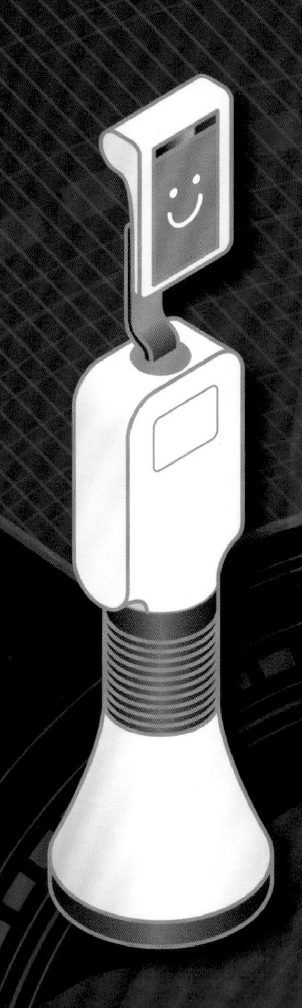

身临其境

从2010年起，远距临场机器人日益受到欢迎，它是一类能让人们身临其境的遥控机器人。

典型的远距临场机器人有点儿像带轮子的视频聊天设备。人们可以通过内置摄像头和无线网络，控制远距临场机器人；而远距临场机器人的屏幕显示人类的脸，它能四处走动。人类还可以通过麦克风和扬声器与远距临场机器人周围的人聊天。

“嘿，你看起来不一样啦，是不是换了个新发型？”有了远距临场机器人的帮助，生病在家或外出的人们也可以照常参加会议。

相比传统的视频会议，远距临场机器人更适用于参观工厂和实验室。

有了远距临场机器人的帮助，人们可以不到现场就参加会议，老师可以在千里之外授课，医生可以异地巡诊……

双足机器人

有的机器人使用轮子移动，有的机器人像人类一样用两条腿走路，用两条腿走路的腿式机器人叫作双足机器人。设计双足机器人时，会遇到一个严峻的挑战：平衡问题。虽然这很难，但双足机器人有让工程师都趋之若鹜的优点——能跨越障碍或爬楼梯。

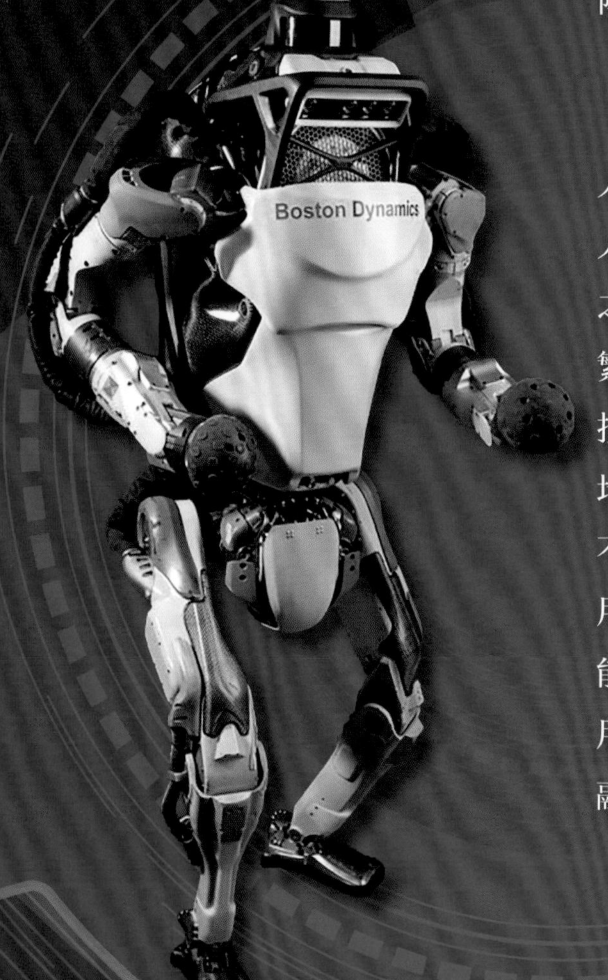

作为双足机器人的人形机器人不是人类的替代品。一直以来，人造“人”都是一个让无数人为之痴迷的想法，所以诞生了种类繁多的人形机器人。人形机器人按照人类的样子设计，竭尽可能地模仿人类的外形和行为举止。不过，制造人形机器人也出于实用考虑。一个外形像人的机器人能做各种各样的动作，能直接使用为人类设计的工具，也更容易融入我们的生活环境和工作环境。

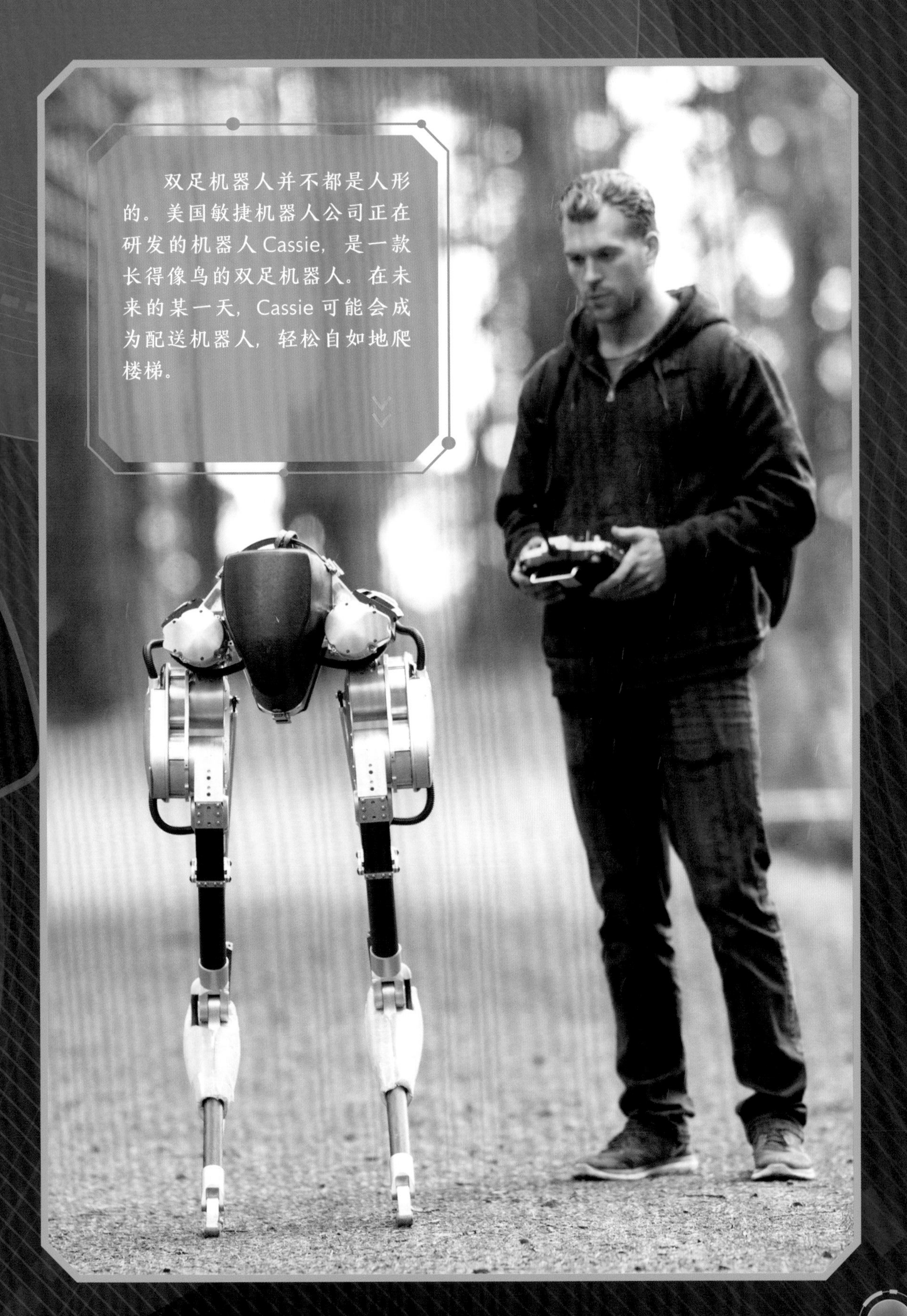

双足机器人并不都是人形的。美国敏捷机器人公司正在研发的机器人 Cassie，是一款长得像鸟的双足机器人。在未来的某一天，Cassie 可能会成为配送机器人，轻松自如地爬楼梯。

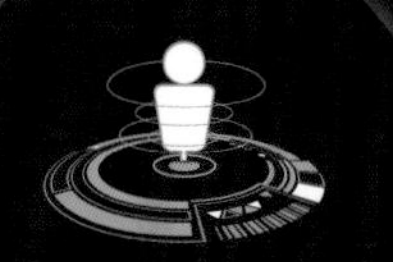

“你好，我叫 ASIMO！”

说起人造“人”，不得不提机器人 ASIMO。20 世纪 80 年代中期，日本本田技研工业株式会社的工程师开始研发人形机器人。2000 年，第一代 ASIMO 出现在公众面前，它是全球最早具备人类双足行走能力的人形机器人。除了最简单的走来走去，ASIMO 也能跑动、跳跃，还能单脚站稳，十分灵巧。

自主性

中

ASIMO 的动作看起来非常像人类，但ASIMO只能响应语音命令，执行简单的任务。

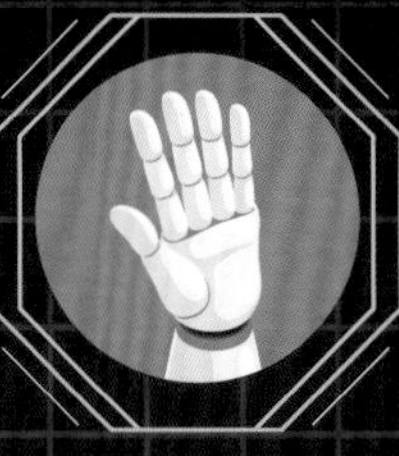

手语大师

一些新型号的 ASIMO 可以用手语与人类交流。

相似度

很像人类，非常有“人味儿”。

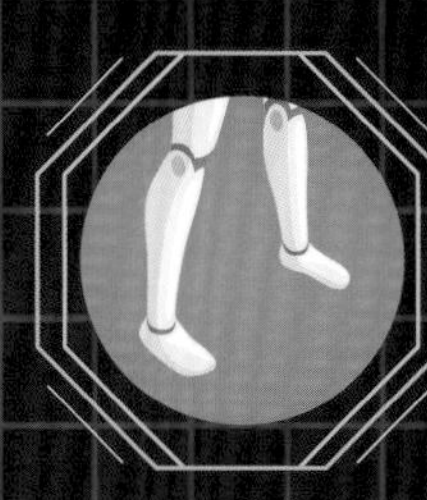

名字的寓意

ASIMO 是“Advanced Step in Innovative Mobility”（意思为“走向创新移动工具的新纪元”）的缩写。

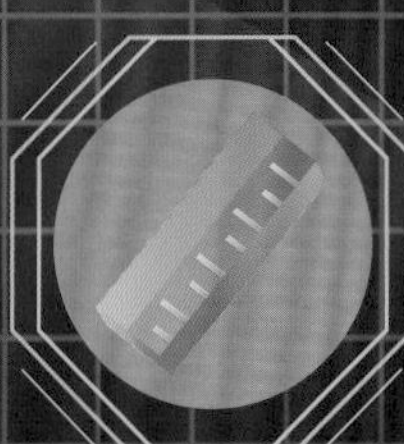

尺寸

ASIMO 高 130 厘米，刚好能够到电灯开关。

制造商

ASIMO 由日本本田技研工业株式会社制造。

非卖品

ASIMO 并不对公众出售。ASIMO 的使命是全世界巡展，培养人们对机器人技术的兴趣。

人形机器人

论名气，ASIMO 简直就是人形机器人领域的巨星。不过，工程师也开发了其他人形机器人，这些人形机器人各具特色。机器人 Poppy 拥有分节的脊椎和可以活动的躯干，而大多数人形机器人的脊椎和躯干都是硬邦邦的。柔软灵活的身躯让 Poppy 能像人类一样运动，并保持平衡。

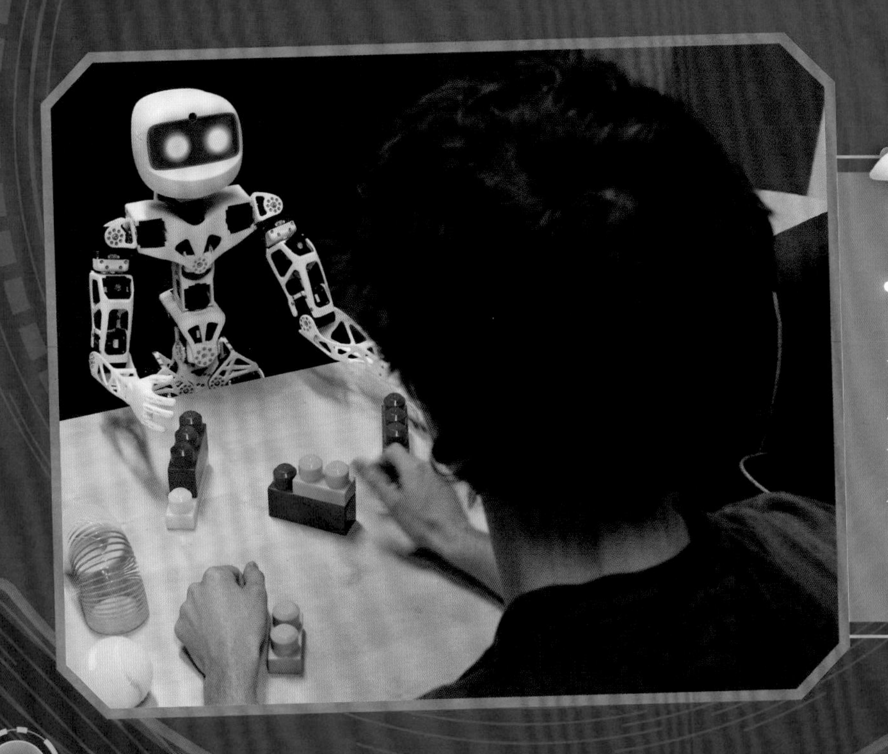

动手组装

人们可以下载 Poppy 的图纸，用 3D 打印机打印部件，自己动手组装 Poppy。

软银公司制造并向公众出售了不少有名的人形机器人，包括活泼可爱的 Pepper（左上方图片），和洋娃娃大小的 Nao（上方图片）。

柔软灵活的 Poppy 是由法国工程师开发的开源机器人。开源机器人的技术信息（比如代码）是公开的，其他工程师也可以查看、修改、传播等。这种开源机制不仅鼓励了其他工程师，还有助于 Poppy 的试验和改进。

法国软银机器人公司已经制造了一系列面向公众销售的人形机器人——Pepper、Nao 等。2009 年，软银公司开始研发机器人 Romeo。Romeo 高 140 厘米，能为老年人提供帮助。

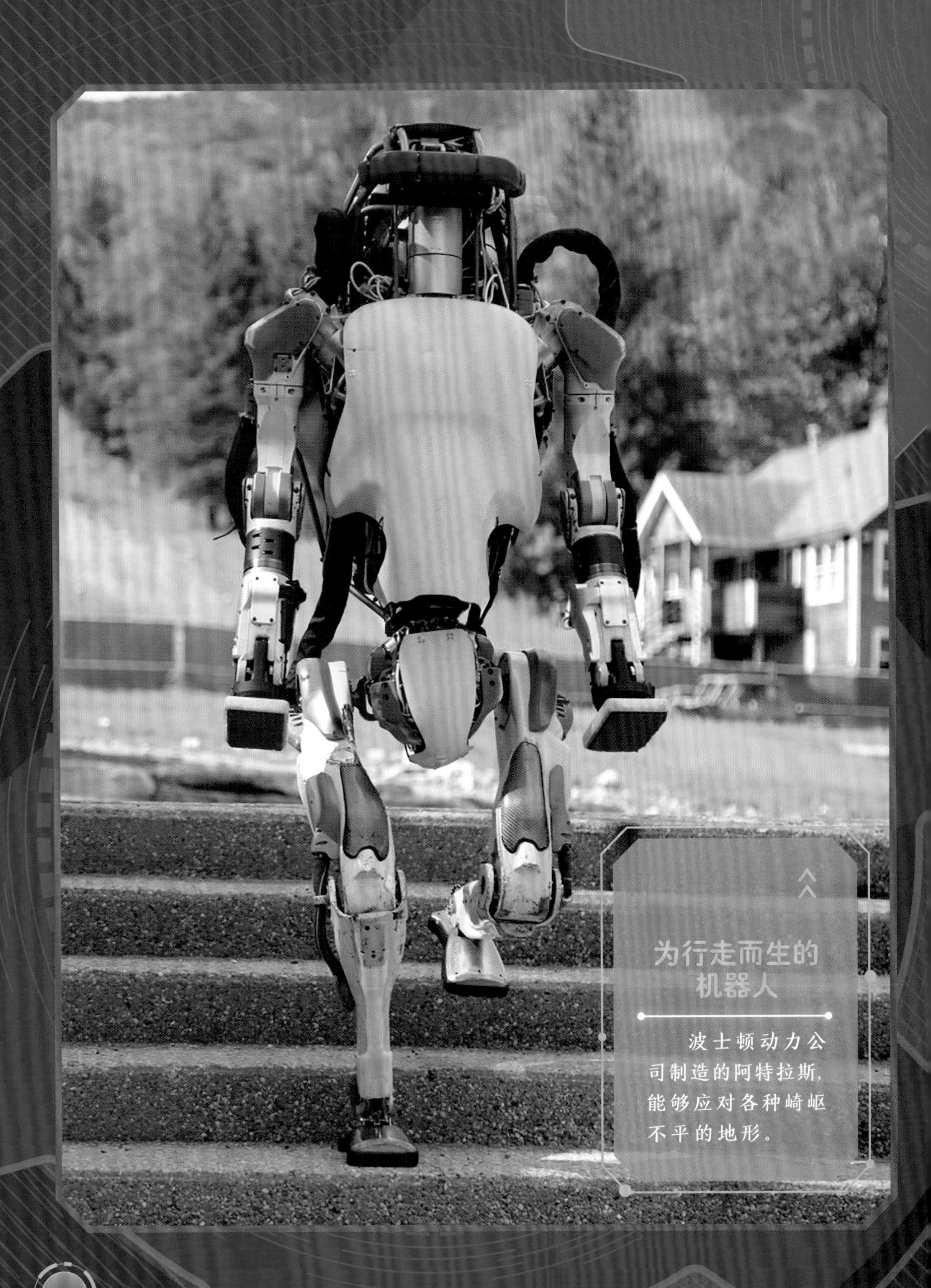

为行走而生的机器人

波士顿动力公司制造的阿特拉斯，能够应对各种崎岖不平的地形。

许多人形机器人是为室内安保而设计的。使用电池供电的机器人阿特拉斯，却是一位“身强力壮”的户外冒险家。现在的阿特拉斯既能走路、爬楼梯、开房门，也能在高低不平的道路上慢跑，还能像运动健将一样跳跃和空翻。阿特拉斯的“身高”约1.5米，体重为75千克。

正在开发的人形机器人中，并不是只有阿特拉斯能够应对崎岖不平的地形。美国国家航空航天局（简称为“NASA”）制造的机器人女武神，同样可以在复杂的环境中工作。女武神是人形机器人中的重量级选手，高约1.8米，重达130千克。NASA希望女武神能做人类宇航员的助手，在未来的火星任务中，女武神先登陆火星，建设火星基地。

有朝一日，机器人宇航员可能会在太空建造基地，为随后到来的人类做准备。

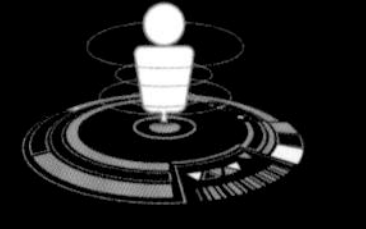

“你好，我叫 iCub！”

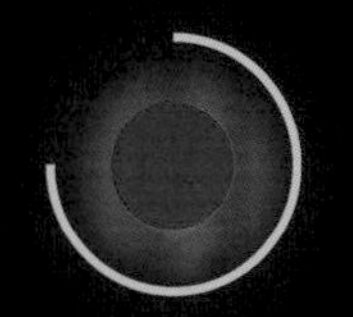

通常，人类让做什么动作，人形机器人就做什么动作。但机器人 iCub 却是为了测试“具身认知”理论而设计的。“具身认知”理论认为，身体形态塑造和影响学习的方式。机器人“学习”新事物，通常是以更新程序的形式进行的，而 iCub 试图扮演一个小孩，像小孩那样学习和体验我们人类的世界。iCub 模仿小孩的学习方式，与看护人互动，并在探索中学习新事物。

自主性

中

无须人类的指令，iCub就能行动，不过iCub始终得与计算机相连。

大小

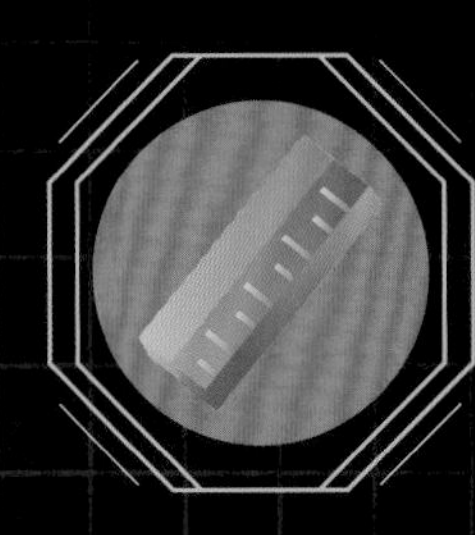

iCub约高1米。

特点

iCub那卡通化的眉毛和嘴唇能发出柔和的光芒。

制造者

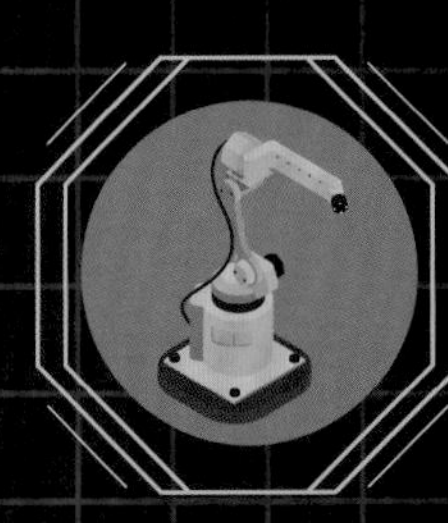

iCub由一些欧洲大学联合设计，并由位于热那亚的意大利技术研究院制造。

机器宝宝

iCub会坐、爬动、行走，还可以玩玩具。

名字的寓意

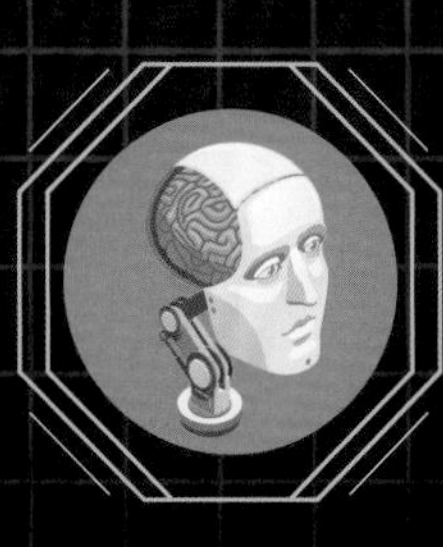

“i”是“我”的意思，而“Cub”来自“man-cub”，可以理解为“幼崽”，所以iCub是个名副其实的机器宝宝。

人形机器人的发展

即便人形机器人的行为举止已经与人类的相差无几，一些工程师仍然没有心满意足，他们正努力研发外形与人类更加相似的机器人。这类人形机器人非常逼真，几乎无法与真正的人类区分，是科幻作品津津乐道的题材和重要看点。2003 年，日本东京的 Kokoro 公司推出了机器人 Actroid——世界上最像人类的机器人。大多数机器人是由电动机驱动的，Actroid 却是用压缩空气驱动的，所以 Actroid 的动作不那么机械，看上去更接近真正的人体运动。一层柔软的硅树脂材料覆盖在 Actroid 的表面，无论是看起来还是摸起来，Actroid 的皮肤都与人类的很像。

Actroid 会出现在酒店、博物馆和主题公园里，做主持人和接待人员。

Actroid 会说话、做手势、模仿人类的面部表情，甚至能假装呼吸。早期的 Actroid 是只能执行预设动作的自动化机械，后期的 Actroid 能够理解人类的语言，并进行简单的对话。

位于天安市的韩国工业技术研究院的研究人员，设计和制造了另一个仿真度很高的人形机器人——机器人 EveR。EveR 于 2006 年首次推出，由电动机和液压装置混合驱动。一部分型号的 EveR 能听懂人类语言，并且回答一些简单的问题。

2010 年，日本工程师石黑浩推出了机器人 Telenoid R1，它是有史以来最古怪的机器人之一。Telenoid R1 是个光

EveR 是由韩国研究人员制造的仿真度很高的人形机器人。第一代 EveR 被称为 EveR-1，看起来有点儿吓人。新版的 EveR 比较自然，还参加过演出。

两个 Telenoid R1 正在以一种令人不自在的姿势依偎在一起。

头，有着柔软的“皮肤”，短短的“四肢”像树桩。Telenoid R1 可以模仿人的表情、动作和声音，看起来既像一个幽灵，又像一个与众不同的小孩。Telenoid R1 是一款远距临场机器人，能做远在千里之外的亲友的替身，但酷似亲友的一颦一笑，总给人一种奇怪的感觉。

“恐怖谷”理论

有些人觉得，Telenoid R1 这样的人形机器人总令人毛骨悚然。日本机器人学教授森昌弘在 1970 年提出了“恐怖谷”理论，对这种心理效应给出了一种解释。

“恐怖谷”理论是关于人类对机器人等非人类物体的感觉的假设。这个理论描绘了随着机器人与人类相似度的提高，人们对机器人好感度的变化。开始的时候，机器人越像人类，人们就越喜爱机器人，好感度稳步上升；当机器人与人类的外形接近到一定程度，奇怪的事情就会发生——虽然机器人很像人类，但混杂了人类和机器人特征的人形机器人，让人觉得既熟悉又陌生，排斥和畏惧的感觉油然而生，好感度陡然下降，所以出现了一道深深的“恐怖谷”。

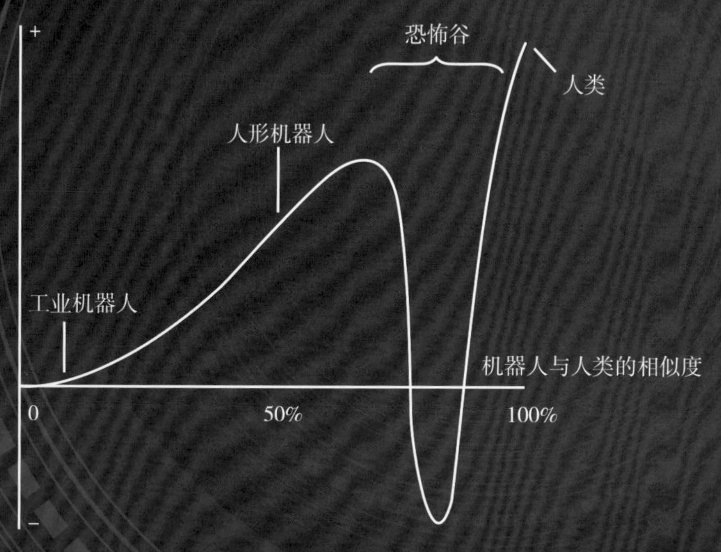

“恐怖谷”理论只是一种假说，目前还没有得到实验的论证。不过，不少人认为“恐怖谷”理论能解释，为什么一些人形机器人会让人们觉得十分不安。

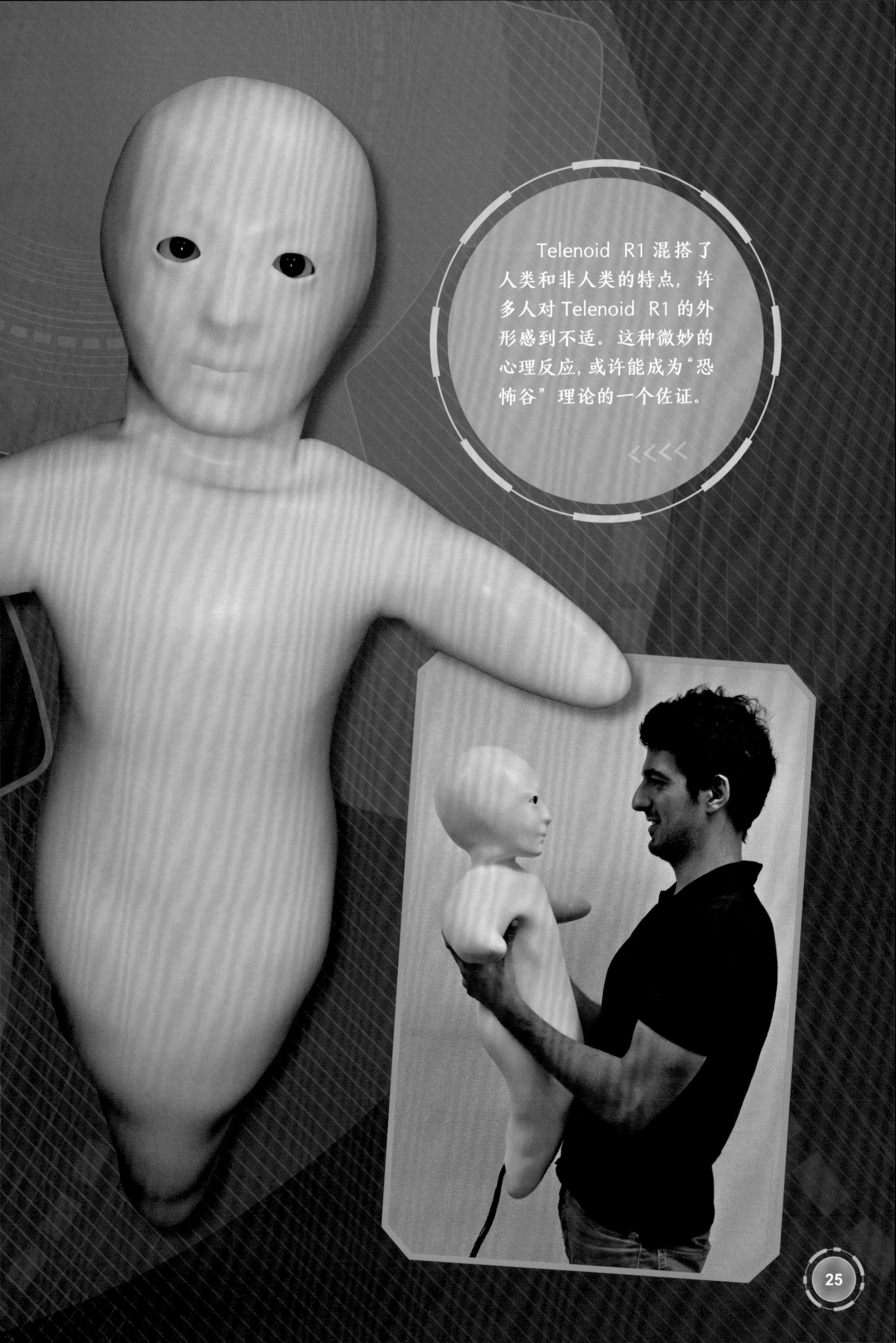

Telenoid R1 混搭了人类和非人类的特点，许多人对 Telenoid R1 的外形感到不适。这种微妙的心理反应，或许能成为“恐怖谷”理论的一个佐证。

机器人面临的挑战：与人类和谐相处

机器人已经存在几十年了，但大多数机器人只能在工厂工作。传统的工业机器人是一帮“独行侠”，被隔离在笼子等屏障里，以确保人类能安全工作。

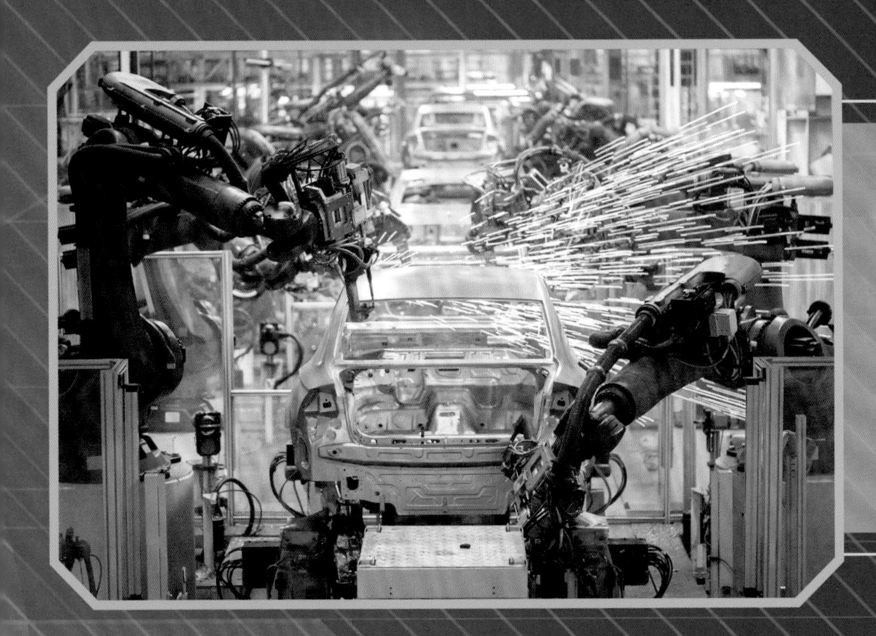

人类勿入！

高度自动化的装配线上会配备大批工业机器人，这种场所对人类来说十分危险。

如果想让机器人进一步改变我们的生活，就必须消除种种障碍。人类和机器人必须学会如何一起工作，机器人需要变得更加人性化一点儿。

人机交互是一门研究机器人与人类相互关系的学科。这个领域的科学家经常研究人与人是怎样协同工作的，再利用这些信息设计机器人，让机器人能够更好地与人类和谐相处。

你的朋友抱着很多东西站在一扇紧闭的门前。尽管他并没有请你开门，但你也会明白该怎么做。如果人类不用开口说话，机器人就能心领神会，那么人类和机器人的合作将变得更加顺畅。

如果机器人能接受语音指令，那么机器人与人类的协作也会变得轻松。但能听懂人类的语言，对于机器人来说是一个复杂的挑战，机器人必须能识别声音，分辨出不同的修辞手法和微妙多变的语气。

所以，想要实现机器人与人类的交互，必须战胜数不胜数的困难。

工程师在努力研发能够理解人类需求的机器人。现在的机器人可以追踪人眼，发现人类对什么感兴趣，或搞清楚人类正打算去什么地方。

其实，相处中的困难，并不仅仅来自机器人。人类第一次和一台陌生的机器人打交道，常常会不知所措。如果人类与机器人的配合很困难，或看不到与机器人共事的意义，很快就会垂头丧气。

融洽相处

一些经过特殊设计的机器人，可以与人类肩并肩地工作。

社交机器人

人类很难与机器人和睦相处，但一些机器人正在直面这个难题，社交机器人正尽可能自然地与人类互动。社交机器人通常会聆听人类说话，然后用人类的语言做出回应。很多社交机器人也能领会非语言的暗示，如果人们没有明确说出自己的需求，社交机器人会观察手势和面部表情，还能以同样的方式和人类互动。

大部分社交机器人还处在研发阶段，也有一些已经开始进入我们的生活。Pepper是一款用于社交的人形机器人，“身高”约1.2米，看上去像一个活泼可爱的孩子。

通过分析面部表情和语气，Pepper可以判断人的情绪。你感觉很沮丧？别垂头丧气了，Pepper为你跳个舞，给你一个拥抱……Pepper会竭尽所能，让你高兴起来。有些商家让Pepper做前台，招呼客人并回答询问。

Pepper可以回答你的问题，可以成为你的向导，还可以用舞蹈和拥抱让你开怀大笑。

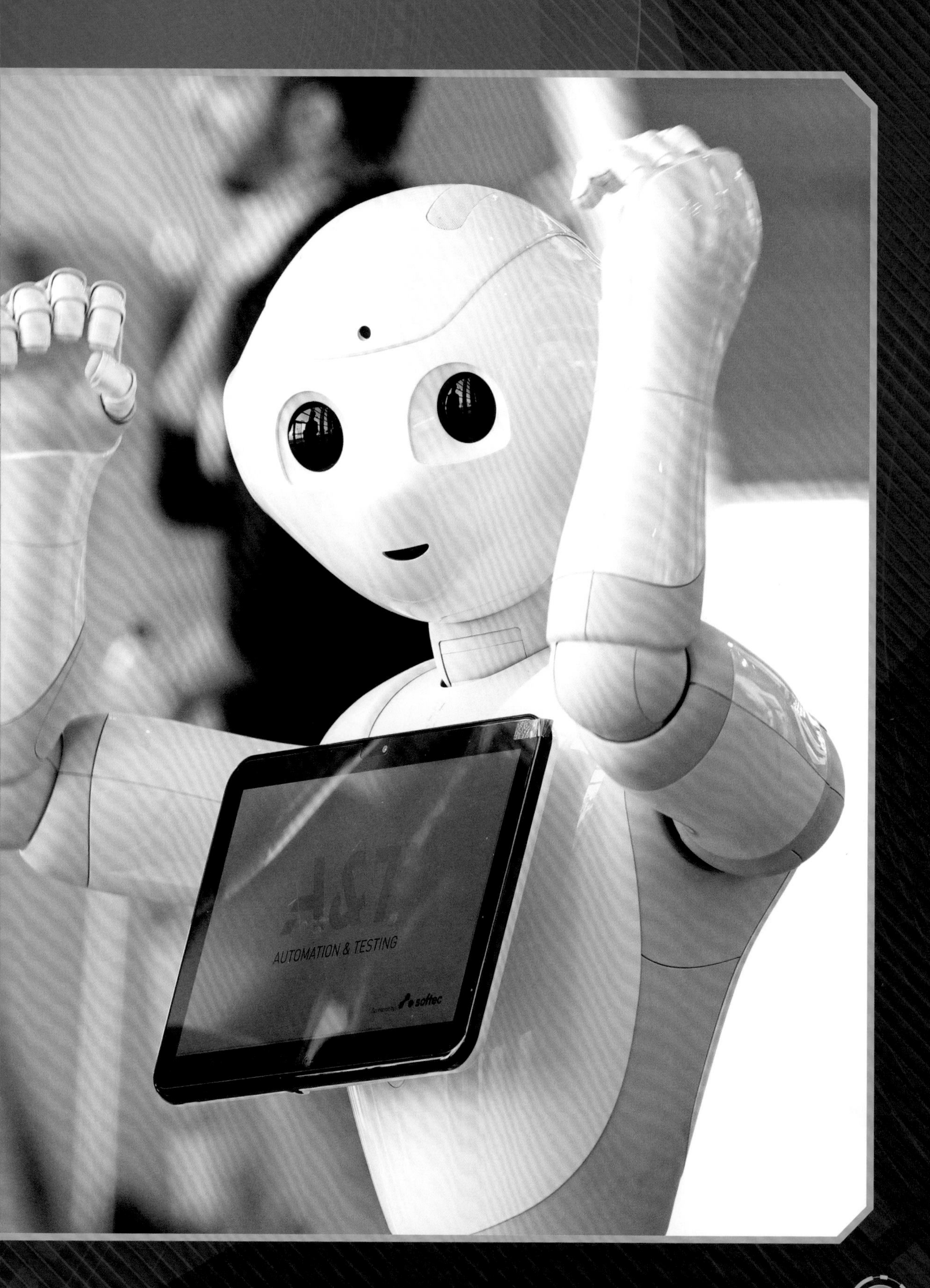
AUTOMATION & TESTING
softec

机器人索菲亚

2005年，Hanson Robotics公司推出了索菲亚——一个身体和脸庞都与人类相似的机器人。索菲亚那高超的谈话技巧和逼真的面部表情，让许多人惊讶，索菲亚还在公开活动和电视节目中接受了多次采访。沙特阿拉伯授予索菲亚公民身份，让索菲亚成为全世界第一

Hanson Robotics公司为索菲亚制作了一个透明的后脑勺，人们可以看到索菲亚头内复杂的构造。

在 Hanson Robotics 公司看来，索菲亚是未来机器人技术的一种预演。

位机器人公民。不过，这究竟意味着什么，谁都不清楚。

在采访中，索菲亚给出过一些令人印象深刻的回答，但偶尔也会说一些含糊不清或毫无意义的话。有专家指出，索菲亚的聊天方式很像陪聊程序——一种可以模仿人类交谈方式的计算机程序。

陪聊机器人

随着陪聊程序的普及，安装陪聊程序的机器人越来越多。这些陪聊机器人会使用许多技巧，让用户产生一种正在与人类对话的错觉。实际上，陪聊机器人与我们有着本质的不同，它并不“明白”语言的含义。由于不能真正理解语言，陪聊机器人用的是寻找关键字的方法，搜索数据库，找出匹配这些关键字的响应方式。数据库是陪聊机器人所需信息的集合，通常存储在陪聊机器人的“大脑”——计算机里。

如果你对陪聊机器人说：“我现在要去上学了。”那么陪聊机器人可能会识别出关键字“上学”，然后在数据库中搜索匹配的回复。通常来说，陪聊机器人会选择有利于对话进行下去的回复，比如“你最喜欢的科目是什么？”。要是回复不够恰当或漏掉了答案，陪聊机器人可能会开个玩笑掩饰过去。

很多公司用陪聊机器人做客服。陪聊机器人能和客户互发消息，那些不在现场的客户可能都没有察觉到他们在与陪聊机器人交流。

程序员能调整陪聊机器人的性格，让陪聊机器人表现得热心、幽默、活泼，或同时兼顾三种不同的性格。

快去吧，别迟到了

我现在要去上学了

NEW 我是DIY大师

秀出我的提示音

10:45

嗨 Siri 我不想去上学

轻点以编辑

如果我不是每天都去上课，我就不可能通过智能助理星人高阶101课程。

图灵测试

在机器人技术中，人机交互不仅仅是一种高明的把戏，更是人工智能王冠上最耀眼的一颗明珠。

1950 年，被称为“计算机科学之父”的艾伦·麦席森·图灵提出了一项测试——日后大名鼎鼎的图灵测试，来判断机器人是否具备智能。图灵主张，机器人与人类以交换信息的方式对话，如果人类无法辨别对方是机器人还是人类，就可以认为这个机器人具备了智能。许多陪聊机器人已经进行过图灵测试，并且取得了不同程度的成功。然而，陪聊机器人仍然不能与人真正交谈，只能利用关键字来模拟对话。科学家期待开发出能像人类一样理解人类语言的机器人。

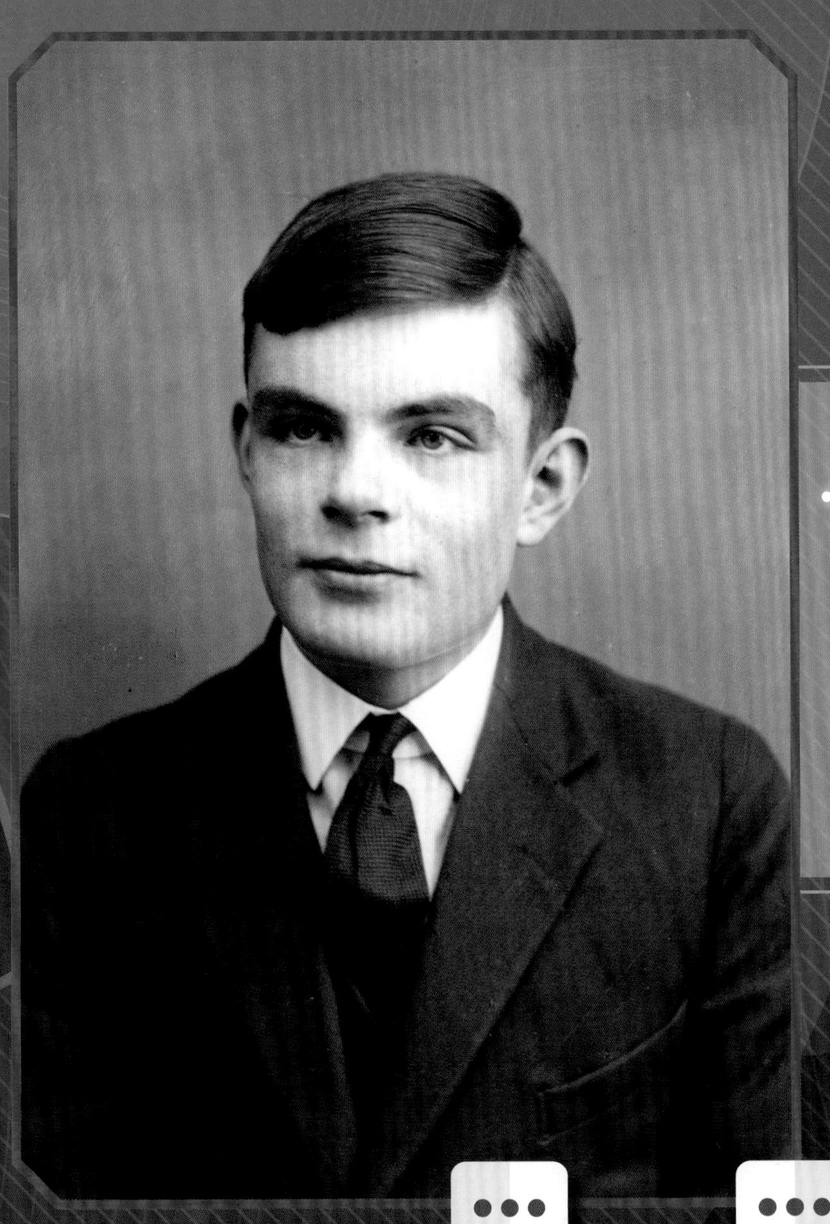

超前于他的时代

1951 年，图灵还编写了第一个能下国际象棋的程序。当时，没有一台计算机能运行这个程序!

非语言沟通

人类不仅仅通过语言互相交流，语气、手势、身体姿势和面部表情，也是我们熟悉的交流方式。机器人同样可以参与这些非语言的交流，实现人机交互。

来自 Rethink Robotics 的机器人 Baxter 是一款协作机器人，运用了一种简单的非语言沟通方式。Baxter 的“脸”是一个电脑屏幕，屏幕上会显示两只卡通化的大“眼睛”。当 Baxter 工作的时候，这双“眼睛”就会时刻注视 Baxter“手”里的活儿。这个方法很简单，却可以时刻提醒与 Baxter 共事的工人，就算 Baxter 突然做了什么，也不会冷不丁地把一旁的工人吓一跳。

工程师还尝试过更复杂的非语言沟通方式。在 20 世纪 90 年代末，马萨诸塞理工学院（又称“麻省理工学院”）的研究人员模仿人的头部，制造了机器人 Kismet。Kismet 的“脸”是精密复杂的机械，有可以活动的耳朵、眼睛、眉毛和嘴唇，用于研究机器人能否辨认和模仿人的情感。

无论正在操作什么东西，Baxter 都会用“眼睛”凝视相应的位置。这种微小的暗示可以提醒人类，请远离 Baxter 的工作区域。

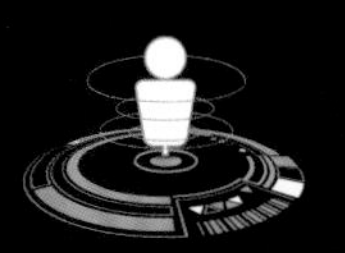

“你好，我叫 Octavia！”

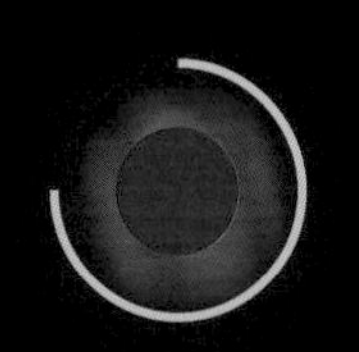

眨眨眼、点点头，有时就是人类彼此交流的全部内容。美国海军研究实验室的研究人员意识到这一点后，开始试验机器人 Octavia。Octavia 在 2010 年推出，是一款装有轮子的人形机器人。Octavia 应用于消防，主要利用非语言沟通方式与人们交流——它会扬一扬眉毛表示惊讶，歪一歪脑袋表示困惑……工程师希望这些身体语言足够简明有效，在紧急情况下，Octavia 可以与人类高效沟通。

自主性

高

Octavia 可以理解并回应人类发出的口头命令。

消防好帮手

Octavia 可以发射压缩空气泡沫灭火。

魅力值

Octavia 的表情丰富，但它那双饱含忧郁的“眼睛”可能会让人毛骨悚然。

制造者

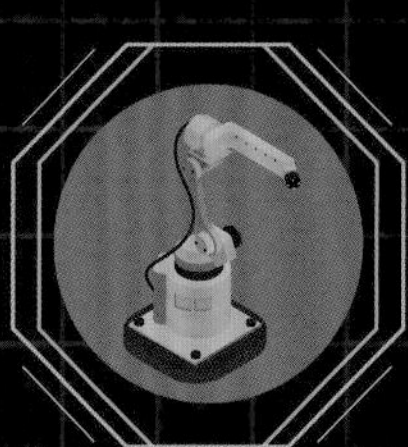

Octavia 由美国海军研究实验室制造。

察言观色

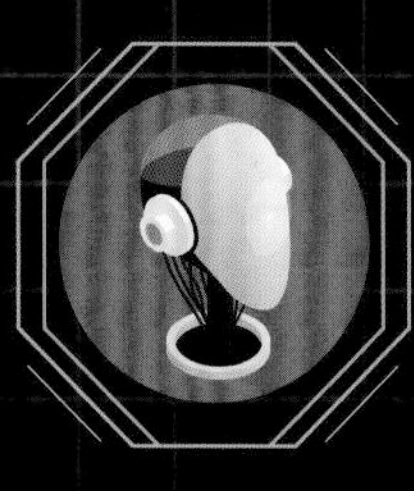

Octavia 很会“察言观色”，能对点头、摇头之类的动作做出回应。

期望与现实

机器人正变得越来越善于与人类打交道。但机器人应该具备什么样的特质，才能吸引人们呢？主观能动性。具备主观能动性的机器人，看上去像有自己的目标和打算，也更像真正的人类，而不是一个呆若木鸡的玩偶。人们认为，具备主观能动性的机器人更加活灵活现。

但是，人们也容易被机器人的主观能动性迷惑。“受骗上当”的人们往往会产生联想，觉得机器人也具备信念、动机和欲望，然后满怀期待地与机器人交流互动。但这些期待往往不切实际，超出了机器人的真实能力。一旦发现机器人达不到期望，幻想破灭的人们会深感无聊或沮丧。

在小说、影视剧中，机器人早已是司空见惯的角色，这些虚构的机器人往往具备超能力。受到这类艺术形象的影响，人们对机器人产生过高的期望，而对现实中“笨拙”的机器人大失所望。

《星球大战》中的机器人 BB-8（上图）和《机器人总动员》中的机器人瓦力（右图），都是那么个性满满、生动可爱。与银幕上的这些机器人相比，现实生活中的机器人是那么乏味无趣。

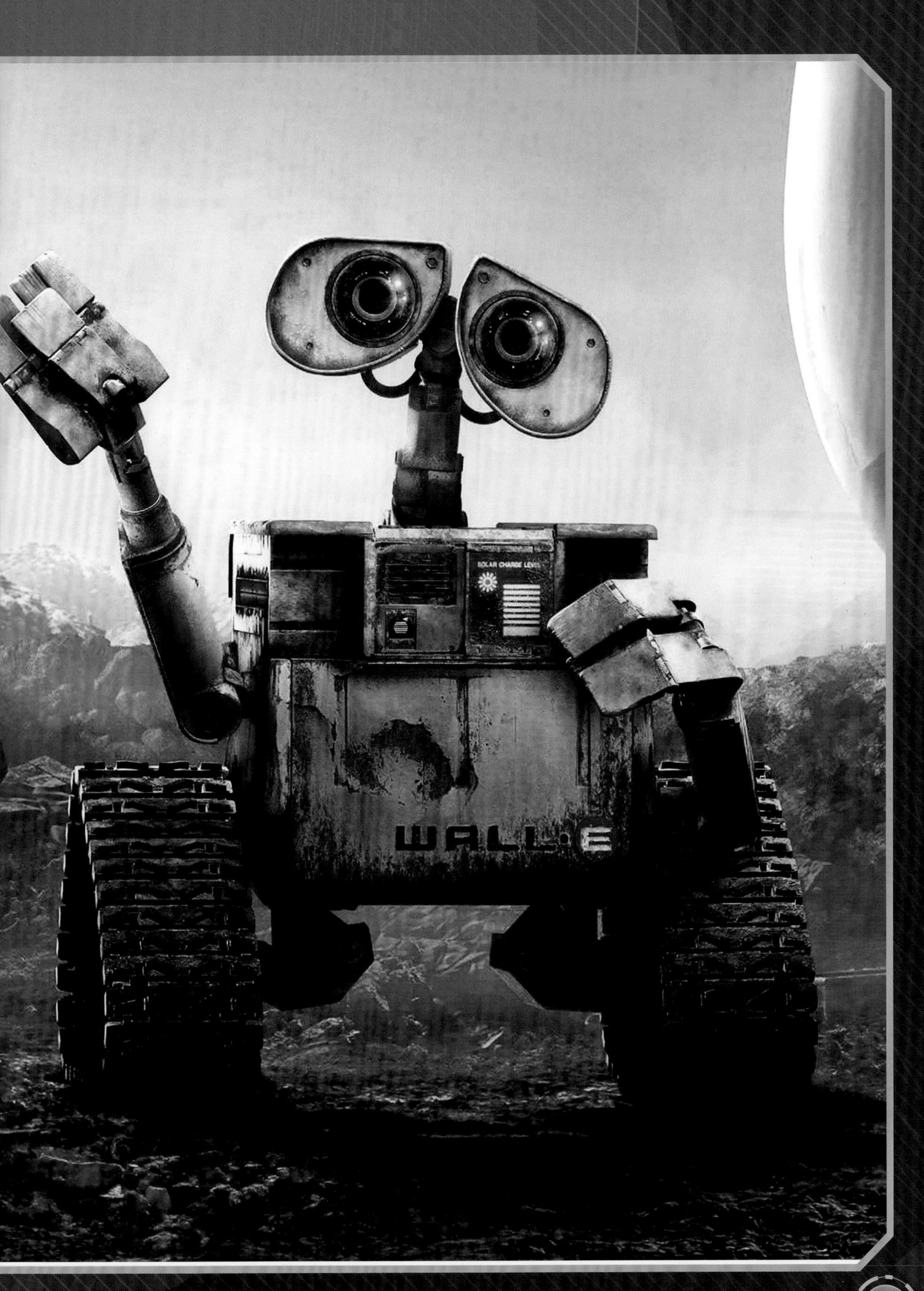
SOLAR CHARGE LEVEL
WALL.E

“你好，我叫

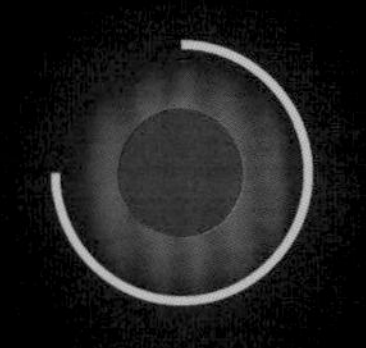

HitchBOT！”

人们总是在问：“人类能信任机器人吗？”，可机器人能信任人类吗？2014 年，机器人 HitchBOT 独自从新斯科舍省的哈利法克斯市搭便车出发，横穿整个加拿大，前往不列颠哥伦比亚省的维多利亚市。HitchBOT 能回答问题，但没有自行移动的能力。像搭便车的人类一样，HitchBOT 在车来车往的路边等着，通过搭乘便车四处旅行。那些乐于助人的陌生人，会捎 HitchBOT 一程，把 HitchBOT 放在离目的地更近的地方。

自主性

低

HitchBOT 几乎凡事都要人类帮忙。

设计者

HitchBOT 由加拿大的戴维·史密斯和弗劳克·泽勒设计。

脾性

HitchBOT 是个“健谈”的机器人，可以和载它的司机聊个不停。

搭便车的风险

2015 年，在穿越美国的途中，HitchBOT 突然失踪了。当人们在宾夕法尼亚州费城的一条小巷里发现 HitchBOT 时，它已经被严重破坏。

旅行家

HitchBOT 既游历过荷兰，也完成了横穿德国的旅行。

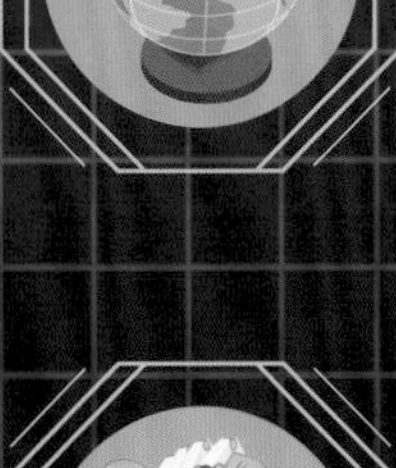

“帮帮我吧！”

HitchBOT 的旅行是一项社会实验，可以观察人类会如何对待无助的机器人。

术语表

遥控机器人：在对人有害或人不能接近的环境里，代替人完成任务的远距离操作机器人。

远距临场机器人：一种能让人仿佛“置身”于现场的遥控机器人。

开源机器人：开发者共享代码和其他技术信息的机器人，是一种资源开放型机器人。

具身认知：身体是认知主体的认知心理学观点。这种观点认为心智和认知不是独立于身体的封闭活动，认知依赖于身体体验，身体体验与认知之间有着强烈的联系。

液压装置：在压力下压缩液体的装置。

“恐怖谷”理论：关于人类对机器人等非人类物体的感觉的假设。这个理论描绘了随着机器人与人类相似度的提高，人们对机器人的好感度的变化。

人机交互：研究机器人与人类相互关系的学科。

陪聊程序：一种可以模仿人类交谈方式的计算机程序。

数据库：存储在计算机上的一种信息集合。

图灵测试：被称为“计算机科学之父”的图灵提出的一种检验某个对象是否有智能的测试方法。向检验对象提出各种各样的问题，如果从答复中无法区别检验对象究竟是一个人还是一台机器时，就认为检验对象是有智能的。

非语言沟通：不通过口头语言进行的人际沟通，而是通过手势、身体姿势和面部表情等沟通。

主观能动性：人在实践中表现出来认识世界和改造世界的能动性，是人之所以区别于其他事物的基本特点。

致谢

本书出版商由衷地感谢以下各方：

Cover © Ociacia/Shutterstock

4-5 © BBC; Public Domain; Library of Congress

6-7 Mandy Mclaurin, U.S. Navy; NASA/JSC

8-9 © Double Robotics; © Suitable Technologies, Inc.

10-11 © Boston Dynamics; Oregon State University (licensed under CC BY-SA 2.0)

12-13 © American Honda Motor Company, Inc.

14-15 Poppy Project (licensed under CC BY 2.0); © BoonritP/Shutterstock; © SoftBank Robotics

16-17 © Boston Dynamics; NASA

18-19 © Mike Dotta, Shutterstock; Xavier Caré (licensed under CC BY-SA 4.0)

20-21 © Ned Snowman, Shutterstock; © Andia/UIG/Getty Images; © Yoshikazu Tsuno, Getty Images

22-23 © Chung Sung-Jun, Getty Images; © Hiroshi Ishiguro Laboratory, Advanced Telecommunications Research Institute

24-25 © Hiroshi Ishiguro Laboratory, Advanced Telecommunications Research Institute

26-33 © Shutterstock

34-35 Maurizio Pesce (licensed under CC BY 2.0)

36-37 Public Domain

38-39 © Rethink Robotics

40-41 Navy Center for Applied Research in Artificial Intelligence; John F. Williams, U.S. Navy

42-43 © Lucasfilm, Ltd.; © Walt Disney Pictures

44-45 © hitchBOT